Die Schrumpfung geschweißter Stumpfnähte

von

Richard Malisius
Stuttgart-Cannstatt

Friedr. Vieweg & Sohn, Braunschweig

1936

ISBN 978-3-663-03143-7   ISBN 978-3-663-04332-4 (eBook)
DOI 10.1007/978-3-663-04332-4

Die Arbeit wurde erstmalig veröffentlicht
in der „Elektroschweißung" 1936, Heft 1

Inhaltsverzeichnis

Für die Sicherheit ist die Kenntnis der Schrumpfspannung von größerer Bedeutung als die der Schrumpfung selbst. Die Schrumpfung als primäre Erscheinung ist für den Hersteller von besonderer Bedeutung und muß zunächst in allen ihren Ursachen erkannt sein.

A. Schrumpfung beim Verschweißen von Stäben

a) Die Stäbe sind frei beweglich

Beispiel 1. Zwei Stäbe aus Stahl werden durch Schmelzschweißung stumpf verbunden (Abb. 1). Dabei werden folgende Voraussetzungen gemacht: Die Fuge ist an allen Stellen gleich breit und die Schweißung erfolgt gleichzeitig im ganzen Querschnitt. Ebenso sollen bei der Abkühlung innerhalb einer Querschnittsfläche keine Temperaturunterschiede auftreten. Betrachtet wird nur die Querschrumpfung. Um die Bewegungen auf einen festen Punkt beziehen zu können, ist der linke Stab an seinem Ende (1) mit der Unterlage fest verbunden. Im übrigen liegen beide Stäbe frei auf.

Durch die Schweißung werden die Stäbe an der Fuge erwärmt, Schweißgut wird zugeführt und die Wärme wird nach den Enden weitergeleitet. Eine feste Verbindung ist nicht vorhanden, solange sich die Schweiße noch in flüssigem oder teigigem Zustand befindet. Erst nach Abkühlung bis auf etwa 600⁰ beginnt die Schweißverbindung, Bewegungen der Stäbe zu übertragen. Mit

Beendigung der Schweißung wird keine Wärme mehr
zugeführt. In der Fuge herrscht zunächst die Temperatur der Schmelze, etwa 1500⁰ (Kurve I). Durch die
direkte Verbindung mit den Stäben geht die Abkühlung
bis auf 600⁰ sehr schnell vor sich. Die Wärmeverluste
durch Übergang in die Luft während der kurzen Zeit
sind verhältnismäßig gering.

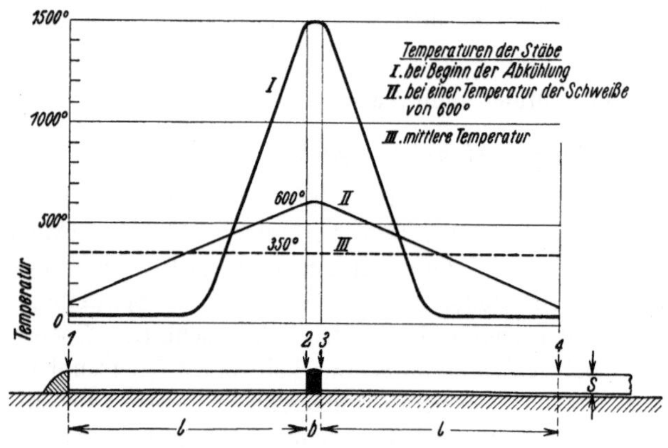

Abb. 1. Temperaturverlauf im Stab

Für unsere Betrachtungen ist der Augenblick maßgebend, in dem die Schweiße fest wird (Kurve II). Der
Verlauf des Temperaturabfalls ist etwa linear anzu-
nehmen. Die Höhe der Temperaturen an den einzelnen
Punkten hängt naturgemäß von der zugeführten Wärmemenge, also von dem Schweißverfahren ab. Bei dem
folgenden Zahlenbeispiel, das dazu dienen soll, die un-
gefähre Größenordnung der Verschiebung der einzelnen

6

Punkte der Stäbe festzustellen, wird Lichtbogenschweißung mit blanker Elektrode angenommen. Die zugeführte Wärmemenge ist dabei der Menge des Zusatzwerkstoffes verhältnisgleich.

Jeder Stab hat für die Länge l die mittlere Temperatur von 350⁰ erhalten (Kurve III). Die lineare Wärmeausdehnung von Stahl beträgt $1,2 \cdot 10^{-2}$ mm pro Meter und 1⁰ Erwärmung innerhalb des Temperaturbereiches von 0 bis etwa 100⁰. Bei höheren Temperaturen ist die Ausdehnung größer und zu bestimmen nach der empirischen Formel $10^9 \lambda = a \cdot t + b \cdot t^2$, worin λ die Verlängerung infolge Erwärmung von 0⁰ bis auf t^0 angibt. a und b stellen konstante Werte dar, die für Flußeisen zu $a = 11\,475$ und $b = 5,3$ ermittelt wurden[1]).

Die Erwärmung von 15 auf 350⁰ hat demnach eine Ausdehnung von 4,4 mm/m zur Folge. Der Fehler, der durch die Annahme eines Temperaturmittelwertes entsteht, ist von untergeordneter Bedeutung. Die Betrachtung soll sich auf eine Zone von $l = 12$ cm Länge zu beiden Seiten der Naht erstrecken, da der Einfluß der Wärmeausdehnung außerhalb dieses Bereiches bei dem angenommenen Schweißverfahren sehr gering ist.

Die Rechnung ergibt eine Wärmeausdehnung der Stäbe um $4,4 \cdot 0,12 = 0,53$ mm. Punkt 2 wandert um diesen Betrag nach rechts, Punkt 3 nach links. Die Fuge ist um 1,06 mm enger geworden.

Jetzt beginnt die *Schrumpfung*. Die Verbindung ist fest, kühlt weiter ab, und die Temperaturen der Stäbe

---

[1]) Z. VDI **46** (1902), S. 1532, Ergebnisse der Physikalisch-Technischen Reichsanstalt.

gleichen sich immer mehr aus. Die mittlere Temperatur
ist dauernd im Sinken begriffen, womit gleichzeitig eine
Verkürzung der Stäbe verbunden ist. Bis zur voll-
ständigen Abkühlung ist Punkt 2 auf den ursprünglichen
Platz zurückgegangen. Punkt 3 muß wegen der festen
Verbindung ebenfalls dieser Bewegung folgen. Außerdem nähert sich Punkt 3 nach 2 um einen Betrag, der
sich aus dem Zusammenziehen des Schweißgutes bei Abkühlung von 600^0 auf 15^0 ergibt. Die Wärmeausdehnung
zwischen diesen Temperaturen beträgt 8,5 mm/m. Bei
einer Schmelzzone von $b = 5$ mm Breite beträgt die
Schrumpfung zwischen den Punkten 2 und 3 folglich
0,04 mm. Punkt 3 und ebenso Punkt 4 ist also im ganzen
um 1,10 mm nach links gewandert. Um diesen Wert
haben sich die Punkte 1 und 4 genähert, er stellt die
endgültige Schrumpfung der ganzen Verbindung dar.

Nach Klarstellung der grundsätzlichen Zusammen-
hänge des Schrumpfungsvorganges können über die verschiedenen Einflüsse Aussagen gemacht werden, die
unter den gemachten Voraussetzungen (gleichzeitige
Schweißung der ganzen Fuge, Schrumpfung nur in
Richtung der Stabachsen, freie Beweglichkeit in dieser
Richtung bis auf einen Bezugspunkt) allgemeine Gültigkeit haben.

1. Einfluß der Erwärmung. Die Ursache der
Schrumpfung bildet hauptsächlich die Wärmeausdehnung der Stäbe, solange die Fuge noch nicht
widerstandsfähig überbrückt ist. Dieser Einfluß auf
die Schrumpfung ist verhältnisgleich der Wärmemenge,
die während der Schweißung durch den Quadratmillimeter des Stabquerschnittes abgeleitet wird. Das Ver-

8

fahren, welches zur Schweißung einer bestimmten Fuge die geringste Wärmemenge benötigt, ist bezüglich der Schrumpfung das vorteilhafteste. Bei der Gasschweißung und bei der Lichtbogenschweißung mit ummantelter Elektrode ist die Schrumpfung entsprechend der größeren erzeugten Wärme größer als bei Verwendung einer blanken Elektrode.

2. Einfluß der Blechdicke. Die Schrumpfung ändert sich mit der Blechdicke nur insofern, als bei stärkeren Blechen die mittlere Fugenbreite größer ist.

3. Einfluß der Schweiße. Die Schrumpfung durch das Zusammenziehen der Schweiße selbst ist verhältnismäßig gering. Sie beträgt bei der üblichen Fugenbreite nur etwa 4 bis 8% der Gesamtschrumpfung.

4. Einfluß der Schweißgeschwindigkeit. Wird besonders langsam geschweißt, wobei mehr Wärme zugeführt wird, als das Verfahren zur guten Verschweißung erfordert, so wirkt sich diese Erwärmung naturgemäß in einer Erhöhung der Schrumpfung aus. Man kann jedoch voraussetzen, daß keine unnötige Erwärmung erfolgt.

Bei Lichtbogenschweißung mit der Metallelektrode kann dies ohnehin nicht geschehen, da immer gleichzeitig Zusatzwerkstoff angebracht wird, und bei Verfahren, bei welchen Erwärmung und Zusetzen getrennt erfolgen, soll der Schweißer nicht mehr Wärme zuführen, als für die Schweißung notwendig ist. Dann ist die Schweißgeschwindigkeit bei einem bestimmten Verfahren nur noch durch die Dicke der Zusatzstäbe zu beeinflussen, womit gleichzeitig eine Änderung der Stromstärke beziehungsweise der Größe der Schweißflamme verbunden ist. Dabei ist jedesmal die in den Werkstoff abgeführte Wärmemenge verhältnisgleich der Menge des Zusatzwerkstoffes. Diese ist aber nur von der Größe der Fuge abhängig.

Wird bei einem bestimmten Drahtdurchmesser die Stromstärke beziehungsweise die Stärke der Schweißflamme geändert, was in gewissen Grenzen oft getan wird, so wird mit zunehmendem Strom die Abschmelzgeschwindigkeit steigen. Die bis zur Beendigung der Schweißung zugeführte Wärmemenge ist die gleiche geblieben.

Demnach kann die Schweißgeschwindigkeit bei Beurteilung der Schrumpfung unseres Beispieles überhaupt unberücksichtigt bleiben. Wohl wirkt sich die unterschiedliche Geschwindigkeit verschiedener Verfahren aus, was jedoch dem Verfahren selbst zuzuschreiben ist.

5. Einfluß des Wärmeausdehnungskoeffizienten. Die Schrumpfung ist direkt abhängig von dem linearen Ausdehnungskoeffizienten des Urwerkstoffes.

6. Einfluß der Wärmeleitfähigkeit. Bei geringer Wärmeleitfähigkeit des Werkstoffes wird der Schmelzpunkt schnell erreicht, es ist nur wenig Wärme erforderlich, die Schrumpfung ist entsprechend gering.

Ist die Wärmeleitfähigkeit größer, so ist die mittlere Temperatur des Werkstoffes bei Beendigung der Schweißung höher, die Schrumpfung ist stärker. Hierbei spielt das Schweißverfahren eine Rolle insofern, als nicht bei jeder beliebigen Leitfähigkeit jedes Verfahren anwendbar ist.

7. Einfluß des Schmelzpunktes. Je höher die Schmelztemperatur eines Werkstoffes ist, desto mehr Hitze muß

10

zugeführt werden, desto größer ist also auch die Schrumpfung.

Ist die Spanne zwischen dem Schmelzpunkt und der Temperatur, bei welcher der Werkstoff in den elastischen Bereich übergeht, so groß, daß während der Abkühlung bis dahin größere Wärmemengen an die Umgebung der Stäbe abwandern, so ruft die Schrumpfung infolge dieser Abkühlung ein plastisches Recken der noch nicht festen Naht hervor, das endgültige Schrumpfmaß wird entsprechend verringert. Im allgemeinen geht jedoch die Abkühlung der Naht bis zum elastischen Bereich vorwiegend durch Wärmeausgleich innerhalb der Stäbe vor sich, womit noch keine Schrumpfung des Ganzen verbunden ist.

Zur Aufstellung einer *allgemeinen Formel* für die Größe der Schrumpfung wird an Stelle der in den Werkstoff abgeleiteten Wärmemenge das Volumen der zugeführten Schweiße gesetzt, das wiederum dem Fugenquerschnitt einschließlich Überhöhung der Raupe verhältnisgleich ist. Die durch den Quadratmillimeter des Stabquerschnittes abfließende Wärmemenge ist dann dem Fugenquerschnitt, dividiert durch die Blechdicke, verhältnisgleich zu setzen.

Unter den Voraussetzungen unseres Beispieles gilt dann:

$$S = \lambda_1 k \frac{Q}{s} + \lambda_2 b,$$

worin bedeutet:

S die Schrumpfung in Richtung der Stabachse in mm,

λ_1 die lineare Wärmeausdehnung des Werkstoffes, die

dieser bei Erhöhung seiner Temperatur t um $\dfrac{t' - t^0}{2}$

erfährt, wenn t' die Temperaturgrenze des elastischen Bereiches und t die Raumtemperatur darstellen,

λ_2 die lineare Wärmeausdehnung der Schweiße, die diese bei Erhöhung der Temperatur von t auf t' erfährt,

Q der Querschnitt der Fuge einschließlich Raupenüberhöhung in mm²,

s die mittlere Dicke der zu verbindenden Stäbe in mm,

b die mittlere Breite der Fuge in mm,

k eine Verhältniszahl für die Wärmemenge, die die einzelnen Verfahren und Wärmeleitzahlen zur Verschweißung einer bestimmten Fuge benötigen.

Für Flußeisen und eine Raumtemperatur von 15⁰ gelten die Werte $\lambda_1 = 0{,}0044$ und $\lambda_2 = 0{,}0093$.

Der Faktor k kann durch Vergleichsmessungen verschiedener Schweißverfahren bestimmt werden. Die Voraussetzung der Gleichzeitigkeit der Schweißung kann praktisch nicht vollständig verwirklicht werden, daher sind praktische Messungen für unser Beispiel nicht möglich. Dagegen konnten durch Vergleiche einer großen Anzahl Schrumpfungsmessungen und Umrechnungen der später entwickelten Formeln für Plattenschweißungen folgende für Flußeisen geltende Zahlen festgestellt werden:

1. für Lichtbogenschweißung mit blanken Elektroden $k = 43$ ($S = 0{,}99$ mm),

2. für Lichtbogenschweißung mit ummantelten Elektroden $k = 45$ bis 55, je nach Art und Stärke der Ummantelung ($S = 1{,}36$ mm im Mittel),

3. für Arcatomschweißung $k = 62$ ($S = 1{,}41$ mm),

4. für Azetylen - Sauerstoff - Schweißung $k = 75$ ($S = 1{,}69$ mm).

Die in Klammern angegebenen Schrumpfwerte wurden durch Einsetzen der Faktoren k in die oben angegebene Formel errechnet, wobei für alle vier Verfahren die Werte $s = 5\,\text{mm}$, $b = 5\,\text{mm}$ und $Q = 25\,\text{mm}^2$ angenommen wurden.

Sind der Werkstoff, Zusatzwerkstoff, die Form der Verbindung und das Schweißverfahren für einen bestimmten Fall gegeben, wird ferner an der Voraussetzung der freien Beweglichkeit der Stäbe festgehalten, so kann ein Einfluß auf die Schrumpfung nur noch durch *zusätzliches Erwärmen und Kühlen* ausgeübt werden. Es soll nun festgestellt werden, ob und in welcher Weise hierdurch eine Verringerung der Schrumpfung bei unserem Beispiel theoretisch möglich ist.

Durch Erwärmung kann das Schrumpfmaß auf keinen Fall verringert werden, gleichgültig, zu welcher Zeit erwärmt wird. Der Zweck einer Vorwärmung kann der sein, den Werkstoff soweit zu erhitzen, daß beim Zusetzen ein gutes Verschweißen gewährleistet wird (z. B. beim Schweißen mit Mehrflammenbrennern und beim Arcogenverfahren). Ein Nachwärmen bzw. ein Verhindern der raschen Abkühlung kann nur eine Gefügeumwandlung und einen Spannungsausgleich bezwecken. Wird künstlich gekühlt, nachdem die Verbindung bereits fest geworden ist, so kann nur eine Beschleunigung, aber keine Verminderung der Schrumpfung erreicht werden. Die Kühlung muß bereits vor diesem Zeitpunkt erfolgen. Die Wärmeausdehnung des Bleches bis zum Beginn der eigentlichen Schrumpfung muß durch die Kühlung möglichst herabgesetzt werden. Praktisch würde sich diese Maßnahme in einem starken Wärmeverbrauch äußern, außerdem würde die Kühlung eine unerwünschte Abschreckwirkung zur Folge haben. Der Temperaturabfall kann über ein gewisses Maß nicht gesteigert werden, da stets Zeit zum Schweißen erforderlich ist, und der Wärmefluß innerhalb der Stäbe während dieser Zeit nicht verhindert werden kann.

Betrachtet man die verschiedenen Schweißverfahren nach diesen Gesichtspunkten, so muß man sagen, daß die Lichtbogenschweißung mit dem Metallichtbogen sich schon so günstig verhält, daß hierbei eine künstliche Kühlung kaum noch helfen wird. Mehr Erfolg scheint bei anderen Verfahren gegeben, die langsamer vor sich gehen und mit ausgedehnter Schweißflamme arbeiten.

Beispiel 2. Im folgenden Beispiel wird von der Voraussetzung der Gleichzeitigkeit der Schweißung abgesehen: die Verbindung soll in *zwei Lagen* geschweißt werden. Es ist wichtig, festzustellen, ob und unter welchen Bedingungen die Gesamtschrumpfung durch Anordnung mehrerer Lagen vermindert werden kann. Durch die erste Lage soll die untere Hälfte der Fuge gefüllt werden, durch die zweite die obere. Für jede einzelne Lage soll die Bedingung der Gleichzeitigkeit wie vorher gelten. Auch sonst werden alle bei Beispiel 1 gemachten Voraussetzungen beibehalten.

Die Schrumpfung infolge der ersten Lage hat genau die gleichen Ursachen und Wirkungen wie bei Beispiel 1. Die Berechnung kann nach der gleichen Formel vorgenommen werden. Wird Lichtbogenschweißung mit blanken Elektroden angenommen und die gleichen Abmessungen wie vorher, so ändert sich nur der Wert Q und man erhält $S = 0,52$ mm gegenüber $0,99$ mm bei

Schweißung der ganzen Fuge in einer Lage. Erst nachdem die erste Lage vollständig abgekühlt ist, soll mit der Schweißung der zweiten begonnen werden. Die Ausdehnung während der Erwärmung kann sich jetzt nicht in einer Verengung der Fuge auswirken, sondern das ganze System wird ausgedehnt, verlängert sich nach rechts, und eine ebensolche Schrumpfung folgt. Eine Vergrößerung der schon durch Schweißung der ersten Lage erfolgten Schrumpfung tritt in diesem Falle nicht ein.

Dagegen wird die Schrumpfung vergrößert, wenn die erste Lage durch die Wärmeausdehnung der Stäbe zusammengestaucht werden kann. Dies ist praktisch stets der Fall, wenn die Stäbe durch Einspannung gehindert werden, sich frei auszudehnen. Das Maß der Stauchung hängt davon ab, wann die Druckfestigkeit der ersten Lage geringer ist als der Widerstand, der der Ausdehnung der Stäbe nach beiden Seiten entgegengesetzt wird. Im ungünstigsten Falle, wenn nämlich die seitliche Ausdehnung durch starre Einspannung behindert wird, erreicht die Gesamtschrumpfung annähernd die gleiche Größe wie bei Schweißung der ganzen Fuge in einer Lage. Beim Schweißen von langen Nähten an Blechen liegt dieser Fall annähernd vor.

Beim Schweißen in mehreren Lagen ist außerdem zu beachten, daß die Schrumpfung nicht nur in Richtung der Stabachsen erfolgt, sondern die Stäbe eine Drehung aus ihrer Ebene heraus erfahren. Diese mit Winkelschrumpfung bezeichnete Bewegung zeigt sich auch beim Schweißen in einer Lage, wenn die Fuge nicht, wie vorausgesetzt, oben und unten gleich breit ist, sondern die übliche V-Form aufweist.

b) Die Stäbe sind eingespannt

Beispiel 3. Zwei Stäbe werden unter den gleichen Voraussetzungen wie bei Beispiel 1 verschweißt mit dem Unterschied, daß jetzt beide Stäbe an den Enden fest eingespannt sind. Die Einspannstellen sollen als vollständig starr angesehen werden. Die Wärmeausdehnung

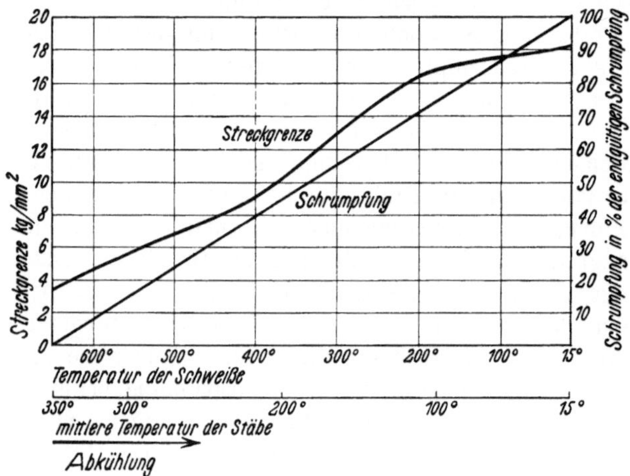

Abb. 2

Schrumpfung und Streckgrenze während der Abkühlung

der Stäbe während der Erwärmung geht genau in der gleichen Weise vor sich wie bei Beispiel 1, hat also eine Verengung der Fuge zur Folge. Die dann folgende Schrumpfung wird durch die Einspannung behindert und muß durch Dehnungen aufgenommen werden.

Bei Beurteilung der durch die Einspannung auftretenden *Spannungen* ist es wichtig, zu wissen, ob die

16

bei nicht eingespannten Stäben auftretende Schrumpfung
zur Umrechnung in Spannung benutzt werden kann.
Es kann sich dabei nur um Spannungen infolge der
Einspannung handeln. Bei den Stäben treten auch nur
solche Spannungen auf, die wohl zu unterscheiden sind
von inneren Spannungen bei Blechnähten als Folge be-
hinderter Längs- und Querschrumpfung.

Es wäre denkbar, daß ein Teil der Schrumpfung durch
plastische Dehnung der heißen Naht ausgeglichen wird,
wobei dieser Teil dann keine Spannungen zur Folge
hat. Wie schon besprochen, wird die Schrumpfung erst
wirksam, wenn die Verbindung eine Temperatur von
unter 600^0 erreicht hat. Sie nimmt dann in gleichem
Maße zu, wie die mittlere Temperatur der Stäbe sinkt.
Ein Vergleich der Zunahme von Schrumpfung und
Streckgrenze zeigt das Diagramm Abb. 2

Während die Schrumpfung linear ansteigt, nimmt die
Streckgrenze immer weniger zu, je weiter die Naht
abkühlt. Die Streckgrenze kann also nach vollendeter
Abkühlung eher überschritten werden als vorher. Demnach kann die vollständige Schrumpfung bei Umrechnung in Spannung näherungsweise zugrunde gelegt
werden. Wird die Streckgrenze im Endzustand nicht
erreicht, so ist dies auch vorher nicht der Fall gewesen.
Ist die Schrumpfung dagegen so stark, daß schon vor
vollständiger Abkühlung die Spannung über die Streckgrenze steigt, so wird das auch bei Raumtemperatur der
Fall sein.

Als Rechnungsbeispiel wird Lichtbogenschweißung mit
blanken Elektroden angenommen und die Abmessungen

von Beispiel 1 werden zugrunde gelegt: $L = 245$ mm, $b = 5$ mm, $s = 5$ mm. Die Schrumpfung berechnet sich nach Beispiel 1 zu $S = 0,99$ mm, was einer Dehnung der Stäbe um 0,4% gleichkommt.

Bei St 37 beträgt die Spannung der Streckgrenze 25 kg/mm² und wird erreicht bei einer Dehnung von 0,12% (elastische Dehnung nach dem *Hooke*schen Gesetz), bei St 52 von 0,19%. Bei beiden Werkstoffen wird also durch die Schrumpfung die Streckgrenze erreicht. Man erhält rechnerisch eine bleibende Dehnung von $0,4 - 0,12 = 0,28$% bzw. $0,4 - 0,19 = 0,21$%.

Die Spannung infolge der Einspannung kann nach folgender Formel berechnet werden:

$$\sigma = E \cdot \frac{S}{L - S} \backsim E \frac{S}{L} \leqq \sigma_s.$$

Das Ergebnis der Betrachtungen an Beispiel 3 kann wie folgt zusammengefaßt werden: Bei vollkommen starrer Einspannung kann man die bei frei beweglichen Stäben auftretenden Schrumpfungen zur Berechnung der Spannungen infolge der Einspannung nach dem *Hooke*schen Gesetz bis nahe an die Streckgrenze benutzen. Hierbei haben damit auch alle Einflüsse Gültigkeit, die bei Beispiel 1 auf die Schrumpfung einwirken.

Beispiel 4. Es soll untersucht werden, welchen Einfluß die Schweißung in mehreren Lagen auf die Spannung fest eingespannter Stäbe hat. Die Fuge wird durch die Wärmedehnung bei Schweißung der ersten Lage verengt. Die folgende Schrumpfung muß dann durch Dehnung aufgenommen werden. Da jetzt in der Naht nur der halbe

Querschnitt vorhanden ist, wird die Spannung in der Schweiße doppelt so groß wie in den Stäben. Es wird also leicht dazu kommen, daß die Streckgrenze in der Naht überschritten wird. Spröde Schweiße wird zerreißen, während die Stäbe die Streckgrenze überhaupt nicht erreicht haben. Hier kommt es darauf an, daß die Schweiße eine gewisse Dehnungsfähigkeit besitzt, wenn ein Riß vermieden werden soll. Lichtbogenschweißung mit Elektroden zu geringer Formänderungsfähigkeit ist also ungeeignet, während die Schweißung mit hochwertigen Drähten und die Gasschweißung mehr Erfolg verspricht. Reißt die Schweiße nicht, so wird durch die sicher erfolgte Streckung ein Teil der Schrumpfung ohne Spannungszuwachs aufgenommen.

Durch das Schweißen der zweiten Lage kann die erste gleichzeitig soweit erhitzt werden, daß sie spannungsfrei wird. Auch wenn die erste Lage zum Teil fest bleibt, werden die Stäbe durch die Wärmeausdehnung der zweiten Schweißung mehr oder weniger wieder entspannt. Für die durch die folgende Abkühlung entstehende Spannung ist jetzt die Schrumpfung maßgebend, die durch die zweite Lage hervorgerufen wird. Diese ist aber wegen der geringeren Wärmezufuhr kleiner als bei Schweißung in einer einzigen Lage. Die endgültige Spannung bei Schweißung mehrerer Lagen ist demnach geringer als bei einer Lage.

Da man es in der Praxis im allgemeinen weder mit widerstandslos beweglichen, noch mit vollkommen starr eingespannten Körpern zu tun hat, muß bei Beurteilung der auftretenden Spannungen der Einspannungsgrad jeweils besonders berücksichtigt werden.

B. Schrumpfung beim Verschweißen von Blechen

a) Die Bleche sind nicht eingespannt

Beispiel 5. Die frei beweglich aufliegenden Bleche der Abb. 3 sollen ohne Vorheftung von A und B fortlaufend zusammengeschweißt werden. Die Schweißung bildet eine in der Fuge fortschreitende Wärmequelle, von der aus die Platten erhitzt werden. Während bei der Stabschweißung die Wärme nur in axialer Richtung

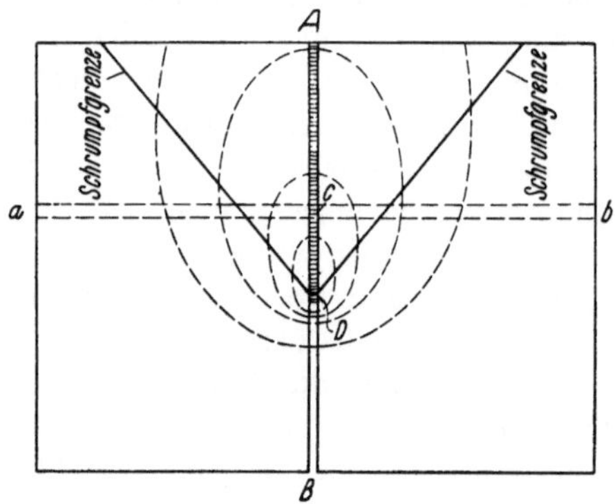

Abb. 3. Wärmewirkung beim Schweißen der Naht

nach beiden Seiten der Fuge abfließen konnte und so vollständig zur Ausdehnung der Stäbe beitrug, geht der Wärmefluß bei den Platten strahlenförmig in der ganzen Ebene vor sich. Die Punkte gleicher Temperaturen (Isothermen) bilden annähernd Ellipsen, die um so schlanker sind, je schneller die Schweißung fortschreitet. Die Verbindung der Endpunkte der kleinen Achsen der Ellipsen bildet die Schrumpfgrenze. Während das dreieckige Gebiet, das diese Grenze nach A hin abschneidet,

20

im Schrumpfen begriffen ist, nimmt in dem übrigen
Gebiet die Erwärmung und Ausdehnung noch zu.

Zur Schrumpfung der Naht im Punkte C tragen
folgende Ursachen bei, die wir dann im einzelnen zu ermitteln versuchen:

I. *Die Wärmeausdehnung des Plattenstreifens a bis b.*

II. *Die Schrumpfung der Schweiße selbst im Punkte C.*

III. *Die Verengung der Fuge bei C infolge der Schrumpfung des vorhergehenden Nahtteiles.*

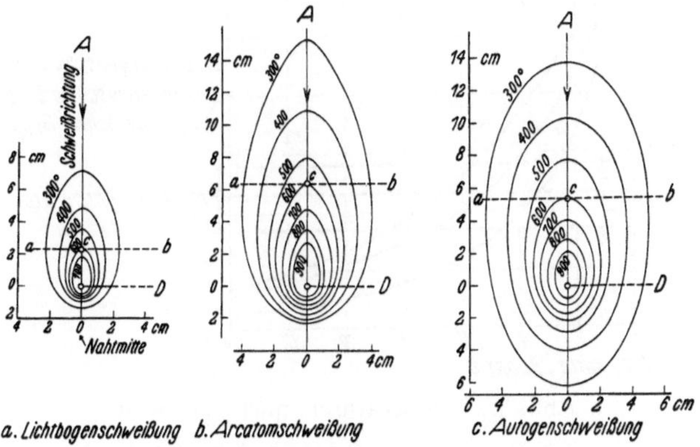

Abb. 4. Isothermen während der Nahtschweißung
nach Versuchen von *Bornefeld*[2])

Zu I. Um das Maß der Erwärmung zu ermitteln,
werden die eingehenden Untersuchungen benutzt, die
Bornefeld[2]) über den Temperaturverlauf beim Ver-

---

²) *Bornefeld*, Vergleichende Untersuchungen der ge-
bräuchlichsten Schmelzschweißverfahren hinsichtlich der
Wärmeverteilung beim Verschweißen von Stahlblechen.
Diss. 32. Verlag Konrad Triltsch, Würzburg.

schweißen von Blechen angestellt hat, und den Versuchs-
ergebnissen die Temperaturkurven für Schweißung von
5 mm starken Blechen aus St 37 mittels V-Naht bei drei
verschiedenen Verfahren entnommen. In Abb. 4 sind
die Isothermen dargestellt, die während der Schweißung
ermittelt wurden. Die Naht wurde bei A begonnen und
ist in dem für die Temperaturkurven gültigen Augenblick
bis D fertiggestellt.

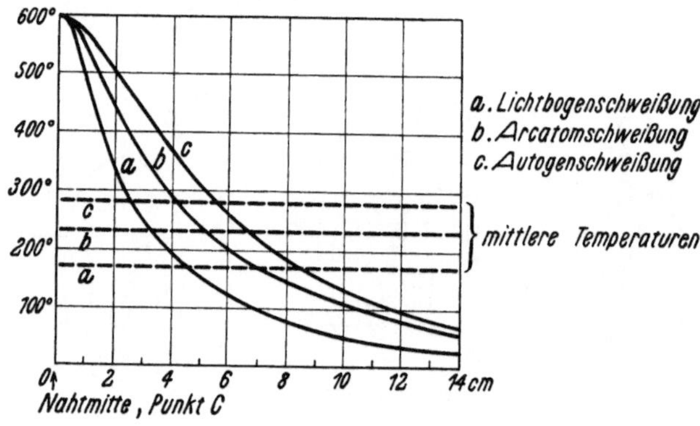

Abb. 5. Temperaturen quer zur Naht

Für die Betrachtung der Schrumpfungsursache I
kommt es darauf an, die Temperaturen zu kennen, die
in dem Schnitt a bis b senkrecht zur Naht herrschen.
Hier ist im Punkte C die Abkühlung gerade bis auf 600°
erfolgt, die Verbindung ist widerstandsfähig geworden,
und die eigentliche Schrumpfung beginnt. Der Temperaturverlauf von a bis b für die drei Verfahren ist in
Abb. 5 dargestellt. Man ist nun in der Lage, die Wärmeausdehnung des Streifens zu berechnen. Dabei wird in

22

der gleichen Weise wie bei Beispiel 1 vorgegangen, indem die mittlere Temperatur ermittelt und der hierfür geltende Ausdehnungswert für die Umrechnung in Wärmedehnung zugrunde gelegt wird.

Verfahren	Mittlere Temperatur ° C.	Wärmeausdehnung		Verengung der Fuge mm
		mm/m	mm/14 cm	
Elektrischer Lichtbogen . .	170	2,0	0,28	0,56
Arcatom . . .	230	2,9	0,406	0,81
Autogen . . .	280	3,6	0,505	1,01

Bei der Lichtbogenschweißung wurden leicht getauchte Kjellberg-Elektroden benutzt, die in die Reihe der blanken Elektroden eingefügt werden können, da festgestellt wurde, daß die leichte Umhüllung keine merkliche Vergrößerung der Erwärmung hervorruft. Das ermittelte Maß der Verengung der Fuge ist gleich dem Schrumpfwert infolge Ursache I.

Um eine allgemeine Formel für die Schrumpfung infolge dieser Ursache zu entwickeln, muß man sich Klarheit darüber verschaffen, wodurch die maßgebenden Temperaturen bei a bis b entstanden sind: erstens durch Vorwärmen infolge der Nahtschweißung A bis C, zweitens durch Nachwärmen infolge der Nahtschweißung C bis D.

Die Vorwärmung ist naturgemäß um so geringer, je höher die Schweißgeschwindigkeit ist. Denkt man sich diese im Verhältnis zur Wärmeleitfähigkeit der Bleche sehr hoch, so findet kaum eine Vorwärmung statt. Erst hinter dem augenblicklichen Schweißpunkt wird die Fortleitung der Wärme nach beiden Seiten in stärkerem Maße zu bemerken sein. Nimmt man umgekehrt die

Schweißgeschwindigkeit im Verhälrnis zur Wärmeleitfähigkeit sehr gering an, so bildet die Vorwärmung einen
entsprechend hohen Anteil an der Erwärmung von a
bis b. Bei Betrachtung der Nachwärmung ist es umgekehrt: der Einfluß des Nachwärmens steigt mit der
Geschwindigkeit und ist sehr gering oder sogar negativ,
wenn die Schweißgeschwindigkeit klein ist. Man kann
jedoch feststellen, daß die Summe der Erwärmung durch
Vor- und Nachwärmen bei allen Geschwindigkeiten etwa
gleich ist. Deshalb kann die Geschwindigkeit für die
Wärmeabfuhr in den Streifen a bis b außer Ansatz bleiben.

In den Streifen a bis b wird soviel Wärme abgeführt,
wie von einer sehr langsam bis C fortschreitenden Schweißung oder wie die Hälfte der gesamten Wärmeabgabe
eines bei C wirksamen nicht fortschreitenden Wärme-
punktes. Zu berücksichtigen ist noch, daß beim Fortschreiten mehr Wärme in den Halbkreis vor dem Schweißpunkt (in Schweißrichtung gesehen) als in den vor-
gewärmten Halbkreis hinter dem Schweißpunkt abgeführt wird. Es kommt also mehr als die Hälfte der
gesamten abgeführten Wärme zur Geltung. Die Formel
für die Schrumpfung der Naht infolge Ursache I lautet
dann

$$S_\mathrm{I} = 0{,}6 \cdot \lambda_1 k \frac{Q}{s} \, .$$

Nachdem auf Grund der Temperaturkurven von *Bornefeld* die Verengung der Fuge und damit die Größe der
Schrumpfung S_I bereits ermittelt worden ist, kann jetzt
mit Hilfe der neu entwickelten Formel eine Überprüfung
des Faktors k vorgenommen werden, der die einzige
Unbekannte der Gleichung bildet.

24

Verfahren	S_I mm	λ_1	Q mm²	s mm	k	k (frühere Werte)
Lichtbogenschweißung mit blanker Elektrode	0,56	0,0044	25	5	42,4	43
Arcatomschweißung .	0,81	0,0044	25	5	61,3	62
Autogenschweißung .	1,01	0,0044	25	5	76,5	75

Die Richtigkeit der vorher (Beispiel 1) nur auf theoretischen Annahmen beruhenden Werte für k ist somit auf Grund praktischer Temperaturmessungen nachgewiesen. Später wird dann die Übereinstimmung der Rechnungen mit tatsächlich gemessenen Schrumpfungen gezeigt.

Zu II. Die Schrumpfung der Schweiße selbst bei Abkühlung von 600⁰ auf Raumtemperatur muß in der gleichen Weise wie bei Beispiel 1 berücksichtigt werden: $S_{II} = \lambda_2 b$.

Zu III. Während die beiden bisher betrachteten Ursachen durch die Temperaturveränderungen direkt beeinflußt wurden, ist die dritte nur durch mechanische Übertragung der Schrumpfung auf den noch ungeschweißten Nahtabschnitt bedingt. Der freie Teil der Fuge wird durch das Schrumpfen des geschweißten Teiles schon verengt, ehe auch dort die Schweißhitze zur Geltung kommt. Dieser Anteil der Nahtschrumpfung soll mit indirekter Schrumpfung bezeichnet werden.

Die eingehende Untersuchung der *indirekten Schrumpfung* ist von Bedeutung, weil erstens gerade diese Wirkung beim Schweißen von Blechen Schwierigkeiten bereitet, und weil zweitens die Möglichkeit, Gegenmaßnahmen zu ergreifen, hier eher besteht als bei der direkten Schrumpfung.

Wenn bei der Schweißung langer Nähte der Anfang seine Schrumpfung beendet hat, hier also nur noch ein geringer Unterschied zwischen Naht- und Raumtemperatur besteht, beginnen die Platten, eine drehende Bewegung um einen Punkt des bereits abgekühlten Teiles auszuführen. Im weiteren Verlauf der Schweißung wandert dieser Punkt, der das Ende der Nahtschrumpfung kennzeichnet, hinter dem Schweißpunkt her. In der Darstellung Abb. 6 ist die Schweißung von A bis D gelangt.

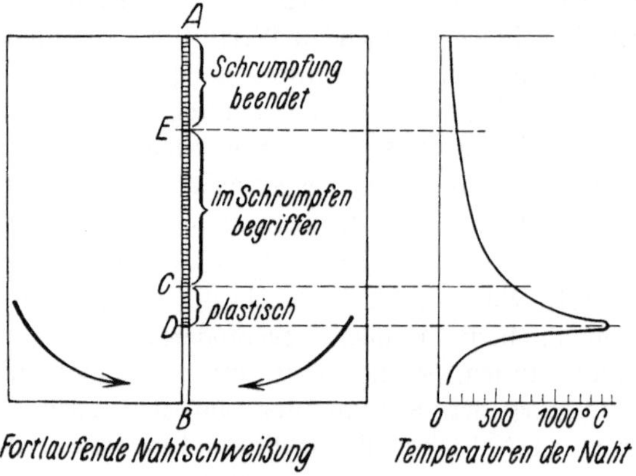

Abb. 6. Fortlaufende Nahtschweißung

E bildet den Endpunkt der Schrumpfung. Die Naht E bis C schrumpft, während A bis E soweit abgekühlt ist, daß hier die Schrumpfung als beendet betrachtet werden kann.

Der bereits abgekühlte Teil will die Bleche in ihrer Lage festhalten. Im Gegensatz dazu will die Schrumpfung der anschließend geschweißten Nahtabschnitte sie einander nähern. Hierdurch werden innere Blechspannungen hervorgerufen, die zu den bekannten, unangenehmen Verwerfungen führen. In der Nähe der

26

zuletzt geschweißten Teile herrscht Zug, während anschließend eine Gegendruckzone entsteht. Dünne Bleche werden dieser Spannung ausweichen, indem sich in dem Druckbereich eine Beule bildet. Die inneren Spannungen, beziehungsweise die Verwerfungen, werden immer stärker, je weiter die Schweißung fortschreitet.

Günstig ist es, wenn die Schweißung beendet ist, sobald der Anfangspunkt abgekühlt ist und damit aufgehört hat zu schrumpfen. Das Temperaturfeld gleicht sich dann allmählich aus, die Schrumpfung kann ohne Querbehinderung vor sich gehen. Dabei müssen die Bleche keilförmig zugelegt sein. Mit Beendigung der Schweißung ist der Keil geschlossen.

Die Nahtlänge E bis D, die auf diese Weise ohne Querbehinderung geschweißt werden kann, hängt von der Schweißgeschwindigkeit ab, die bei jedem Verfahren einen günstigsten Wert hat, der nur in geringen Grenzen veränderlich ist. Damit ist die Länge E bis D in der Hauptsache durch das Verfahren selbst gegeben, und zwar ist dasjenige Verfahren das vorteilhafteste, das die Bleche am stärksten erwärmt und die höchste Schweißgeschwindigkeit hat.

Aus den Messungen von *Bornefeld* kann ein ungefährer Vergleich angestellt werden. Die Schrumpfgeschwindigkeit ist sehr gering, wenn die Abkühlung bis auf 100° erfolgt ist. Nimmt man den Punkt E somit in der 100°-Zone an, so ergibt sich aus den Temperaturkurven für 5 mm dicke, in einer Lage geschweißte Bleche als Länge E bis D für Lichtbogenschweißung mit blanker Elektrode 15 cm, für Arcatomschweißung 31,5 cm und für Autogenschweißung 30 cm. Mit zunehmender Blech-

dicke ist mit größeren Längen zu rechnen. Die Zahlen
sind nicht als allgemein gültige Größen zu betrachten,
auch für den besonderen Fall nicht genau, da bei der
stetigen Abkühlung keine scharfe Grenze für das Ende
der Schrumpfung gezogen werden kann. Der Vergleich
der verschiedenen Verfahren gibt aber sicher ein zu-
treffendes Bild. Die größte Länge, bei der noch keine
wesentlichen Spannungen infolge innerer Querver-
spannung auftreten, ist also bei der Gasschweißung etwa
doppelt so groß wie bei der Lichtbogenschweißung.

Dadurch, daß man dem Schließen des Keiles durch
gewaltsames Festspannen einen Widerstand entgegen-
setzt, kann man auch noch längere Bleche fortlaufend
zusammenschweißen, da dann ein Teil der indirekten
Schrumpfung durch Strecken der erhitzten Schweiß-
stelle aufgenommen wird. Bei der Gasschweißung wendet
man diese Arbeitsweise erfolgreich an und kann so Nähte
bis zu etwa 1,5 m Länge ohne Schwierigkeiten herstellen.
Bei der Lichtbogenschweißung hat dagegen weder das
keilförmige Zulegen noch das gewaltsame Offenhalten
des Keiles bei langen Nähten einen Zweck. Die Abkühlung ist schon bald hinter dem Schweißpunkt soweit
erfolgt, daß sich dort eine starre Zone bildet, die die
Schrumpfbewegung nicht mehr mitmacht. Beim Weiterschweißen entstehen ganz erhebliche innere Verspan-
nungen, die sich in Rissen oder Beulen auswirken und
so die einwandfreie Verbindung der Bleche überhaupt
unmöglich machen können.

Für Längsnähte an Flacheisen, Rohren oder Profilen,
also an Bauteilen, die in der Blechebene senkrecht zur
Naht nicht vollkommen steif sind, gelten diese Aus-

führungen naturgemäß nicht. In solchen Fällen kann man durch Vorbiegen und Festklammern der Teile die indirekte Schrumpfung bei beliebig langen Nähten wirken lassen, ohne dabei auf praktische Schwierigkeiten wie bei breiten Blechen zu stoßen.

Die Wirkung der indirekten Schrumpfung ist um so stärker, je größer die direkte Schrumpfung bei dem vorhergehenden Nahtabschnitt ist. Ferner wird die Fuge um so enger, je weiter die Schweißung bis zu dem betreffenden Punkte fortgeschritten ist, also je länger die bis dahin fertige Naht ist. Man kann daher für die Bestimmung der Schrumpfung infolge Ursache III ansetzen:

$$S_{III} = (S_I + S_{II}) \cdot \frac{L}{e}; \quad L \leqq e,$$

worin L gleich der Länge der Naht bis zu dem betreffenden Punkte und e gleich der Strecke E bis D ist.

Naturgemäß darf die Schweißung nicht unterbrochen werden, da dann die abgekühlte Naht beim Weiterschweißen die Bewegung zum Schließen des Keiles nicht mehr fortführt. Jede längere Unterbrechung der fortlaufenden Schweißung hat besondere Spannungserhöhungen zur Folge.

Es besteht noch die Möglichkeit, die Bleche parallel zuzulegen und zunächst durch Heftstellen in kurzen Abständen zu verbinden. Je weiter dann die Schweißung der Naht fortschreitet, desto mehr werden die noch nicht überschweißten Heftstellen Druckspannungen erhalten. Auch in der Naht selbst wachsen die Spannungen infolge der behinderten indirekten Schrumpfung immer mehr an. Bei Anwendung der Gasschweißung kann man so längere Nähte verbinden. Die inneren Spannungen sind jedoch dabei bedeutend stärker als bei keilförmig zugelegten Blechen. Durch Lichtbogenschweißung lassen sich auf diese Weise Bleche ebenfalls nur mit ganz erheblichen Spannungen und Verwerfungen zusammenfügen.

Beispiel 6. Die bisher angestellten Überlegungen haben gezeigt, daß das *fortlaufende* Verschweißen von längeren Nähten besonders bei Anwendung des Lichtbogens ungeeignet ist. Dagegen ist das sogenannte *Pilgerschrittverfahren* für beliebige Nahtlängen für Lichtbogenschweißung mit Erfolg anwendbar, während die Gasschweißung hierfür weniger geeignet ist.

Man heftet zweckmäßig in kurzen Abständen vor, und zwar hat sich als günstige Entfernung der Heftpunkte etwa die 15fache Blechdicke erwiesen. Dann wird von einer Heftstelle zur nächsten geschweißt, wobei immer ein Stück voraus begonnen und nach rückwärts weitergegangen wird, während die Hauptfortschrittsrichtung vorwärts geht (Abb. 7).

Das Schrumpfmaß kann jetzt mit der Länge der Naht nicht wesentlich zunehmen. Die indirekte Schrumpfung innerhalb eines Abschnittes kann sich nicht auswirken, da die bereits geschweißte Naht es verhindert. Die richtige Wahl der Schrittlänge ist dabei von Bedeutung. Sind die einzelnen Schritte zu kurz, so ähnelt der Vorgang der fortlaufenden Schweißung von A nach B: die Bleche werden bei B mehr und mehr zusammengepreßt. Bei zu langen Schritten wird dagegen die indirekte Schrumpfung innerhalb jedes Schrittes zu stark: die Bleche werden bei A zusammengedrückt. Als günstige Schrittlänge kann die 10- bis 15fache Blechdicke angesehen werden.

Bei Anwendung der Gasschweißung müßte die Schrittlänge größer bemessen werden, jedoch ist wegen der
höheren direkten Schrumpfung keine ebenso günstige
Spannungsbeeinflussung wie bei der Lichtbogenschweißung zu erreichen, so daß das ganze Verfahren gegenüber
dem fortlaufenden Schweißen keinen Vorteil bringt.
Hinzu kommt, daß das Vorheften und dauernde Ab-
setzen wegen der erforderlichen Vorwärmung sehr un-
wirtschaftlich ist.

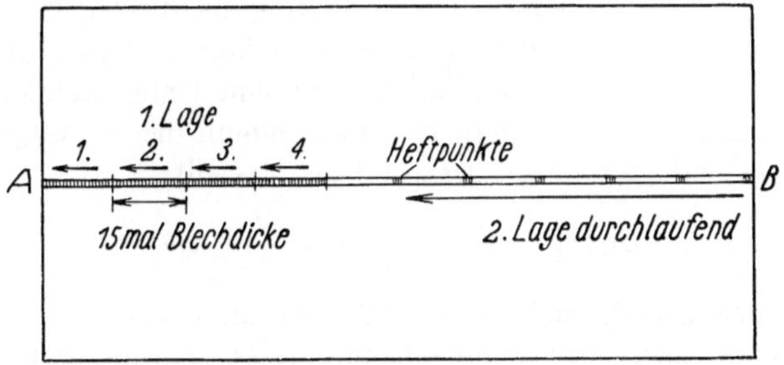

Abb. 7. Zweckmäßige Schweißfolge bei elektrischer
Schweißung langer Nähte (Pilgerschrittverfahren)

Es sei hier noch erwähnt, daß außer der günstigen
Wirkung auf die Schrumpfung noch die Blasrichtung
des Lichtbogens als wichtigster Grund für die Anwendung
des Pilgerschrittes bei Lichtbogenschweißung spricht.
Wenn auch die indirekte Schrumpfung dann nicht
mehr mit der Nahtlänge anwachsen kann, ist sie doch
nicht vollständig aufgehoben. Durch einen Zuschlag
von 30% zu der direkten Schrumpfung wird diesem
Einfluß praktisch genau genug Rechnung getragen. Die

Formel für die Gesamtschrumpfung eines beliebigen Punktes der Naht lautet dann:

$$S = (S_\mathrm{I} + S_\mathrm{II}) \cdot 1{,}3 = \left(0{,}6\,\lambda_1\,k\,\frac{Q}{s} + \lambda_2\,b\right) \cdot 1{,}3;$$

und zwar gilt diese Formel für parallel zugelegte, gut vorgeheftete oder festgespannte Bleche, die mit dem Lichtbogen im Pilgerschritt geschweißt sind. Bei fortlaufender Schweißung mit dem Lichtbogen oder mit Gas gilt die Formel nur, wenn die Naht verhältnismäßig kurz ist, so daß die indirekte Schrumpfung nicht allzu stark anwächst. Bei allen Schweißungen langer Nähte, die keilförmig zugelegt und fortlaufend ohne Unterbrechung in einer Lage fertiggestellt werden, nimmt die Schrumpfung mit der Länge der Naht zu. Es gilt:

$$S = (S_\mathrm{I} + S_\mathrm{II}) \cdot \left(1 + \frac{L}{e}\right) = \left(0{,}6\,\lambda_1 k\,\frac{Q}{s} + \lambda_2 b\right) \cdot \left(1 + \frac{L}{e}\right),$$

wobei ein allgemein gültiger Wert für die Länge $e = ED$ kaum angegeben werden kann; die bei Beispiel 5 angegebenen Zahlen mögen als Anhalt dienen.

Beispiel 7. Bei allen bisher betrachteten Beispielen der Schrumpfung von Nähten war die Ausführung in einer Lage angenommen. Bei der Gasschweißung werden auch dicke Bleche im allgemeinen nur in einer Lage verbunden, wenn nicht von zwei Seiten geschweißt wird. Dagegen werden bei der Lichtbogenschweißung von Blechen über 6 mm Dicke vorteilhaft zwei oder mehr Lagen gelegt.

Die erste Lage wird am besten in der bereits beschriebenen Weise im Pilgerschritt ausgeführt. Da die Bleche durch diese Schweißung in der ganzen Länge der Naht fest verbunden werden, bietet das Pilgerschritt-

32

verfahren bei der *zweiten Lage* weder bezüglich der Blaswirkung noch bezüglich der Spannungsverteilung besondere Vorteile. Die *zweite Lage* kann also in fortlaufender Schweißung ausgeführt werden. Zu beachten ist jedoch, daß die zweite Lage an dem Ende beginnt, an dem der letzte Pilgerschritt der ersten geschweißt wurde, die Hauptrichtung also abgewechselt wird (Abb. 7). Tatsächlich gilt diese Art der Schweißung langer Nähte mit dem Lichtbogen als die bewährteste Arbeitsweise. Schweißt man in drei Lagen, so kehrt man zweckmäßig bei der dritten Lage die Schweißrichtung wieder um. Dadurch wird die Bildung von großen Spannungen, die durch das Fortschreiten der Schweißung entstehen, vermindert.

Die Erfassung der einzelnen Schrumpfeinflüsse kann für jede Lage gesondert wie vorher geschehen. Jedoch sind die praktisch möglichen Fehlergrenzen bei diesem Beispiel so groß, daß es zweckmäßig ist, zur Vereinfachung wie vorher mit der direkten Schrumpfung plus 30% zu rechnen. Durch das Schweißen in zwei Lagen entsteht keine größere Schrumpfung und Spannung als bei einer einzigen Lage. Es kann aber auch keine wesentliche Verringerung erzielt werden.

b) Die Bleche sind eingespannt

Beispiel 8. Die zu schweißenden Bleche sollen jetzt vollkommen starr eingespannt sein, wobei die Einspannstellen in gewisser Entfernung beiderseits der Fuge parallel verlaufen. Zunächst sollen in der Fuge Heftpunkte angebracht sein. Die Schrumpfung der Heftstellen muß sich jetzt als Dehnung auswirken. Da der

Querschnitt des Bleches bedeutend stärker ist als der der Heftstellen, erhält das Blech entsprechend wenig Spannung, während die Heftstellen im allgemeinen über die Streckgrenze hinaus beansprucht werden. Es gelingt nicht, an fest eingespannten Blechen Heftpunkte anzubringen, wenn die Schweiße dabei nicht dehnungsfähig ist.

Das gleiche gilt für die Schweißung der ersten Lage, wenn diese nur einen Teil der Fuge verbindet und daher durch die Schrumpfspannung entsprechend höher beansprucht wird als das Blech. Gelingt es, die erste Lage ohne Riß fertigzustellen, so ist bei der weiteren Schweißung auch kein Riß mehr zu befürchten. Die Schrumpfung nimmt zwar noch zu, aber der Querschnitt von Blech und Schweiße ist dann etwa gleich stark, so daß die Naht nicht mehr höher beansprucht wird als das Blech. Da die Streckgrenze der Schweiße im allgemeinen höher liegt, wird das Blech zuerst zum Fließen kommen.

Die Formel zur Umrechnung der Schrumpfung in Spannung ist die gleiche wie bei Beispiel 3: $\sigma = E \cdot \dfrac{S}{L-S}$. Dabei ist das gleiche Schrumpfmaß zugrunde zu legen wie bei nicht eingespannten Blechen. Die Nachgiebigkeit der Einspannung muß naturgemäß besonders berücksichtigt werden.

Zum Schluß sei die Auswertung der wichtigsten vorher entwickelten Schrumpfungsformel mit einigen *gemessenen Werten* verglichen (Abb. 8). Bei allen Messungen, die stärkere Abweichungen von der Kurve des Diagramms zeigten und daher nicht eingezeichnet sind, konnte festgestellt werden, daß der Wert Q in der Ausführung

infolge der Fugenform, Wurzelabstand und Überhöhung
der Raupe mit dem der Rechnung nicht übereinstimmte.
Eine besondere Rechnung mit dem wahren Wert Q
ergab dann auch hier ein Schrumpfmaß, das mit dem der
Rechnung recht gut übereinstimmte. Im Schrifttum
angegebene Schrumpfwerte, mit denen die entsprechende
Formel geprüft wurde, zeigten erhebliche Streuungen,
die wohl darauf zurückzuführen sind, daß die Maße für Q
und die Art der Schweißung nicht genügend genau zu er-
sehen waren. In Abb. 9 ist der sich aus der Rechnung er-
gebende Einfluß des Fugenquerschnittes wiedergegeben.

Entgegen der bisherigen Anschauung, Schrumpf-
maße seine wegen ihrer vielseitigen Ursachen nicht

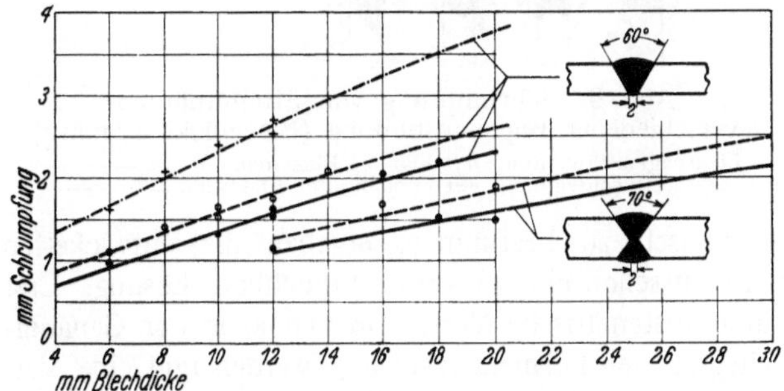

Abb. 8. Querschrumpfung gut vorgehefteter Nähte

$$S = \left(0,6\,\lambda_1\,k\,\frac{Q}{s} + \lambda_2\,b\right) \cdot 1,3;$$

S = Schrumpfung, λ_1 = 0,0044, λ_2 = 0,0093, k = 43 für Lichtbogenschweißung mit blanker Elektrode, k = 50 für Lichtbogenschweißung
mit ummantelter Elektrode, k = 75 für Gasschweißung, Q = Fugenquerschnitt einschl. Schweißwulst, s = Blechdicke, b = mittlere Fugenbreite

	Berechnet	Gemessen
Lichtbogenschweißung mit blanker Elektrode . .	——	●
Lichtbogenschweißung mit ummantelter Elektrode	— — —	○
Gasschweißung	—· ·—	+

35

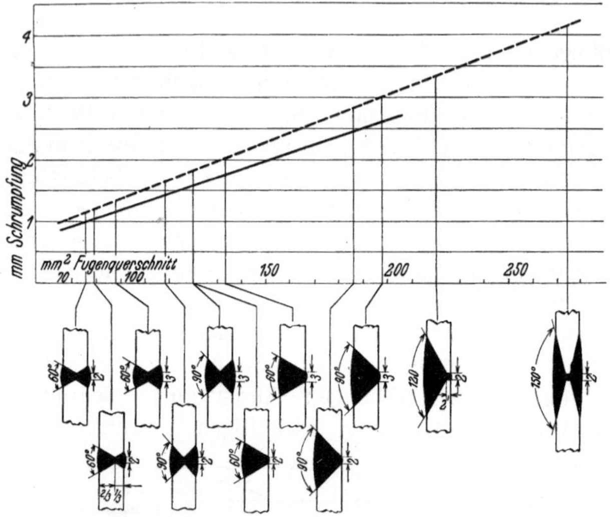

Abb. 9. Schrumpfung von Stumpfnähten
verschiedener Fugenausbildung (Blechdicke 12 mm)

Lichtbogenschweißung mit blanker Elektrode = ——————
Lichtbogenschweißung mit ummantelter Elektrode = — — —

rechnerisch zu bestimmen, ergeben die entwickelten
Formeln schon eine praktisch brauchbare Lösung. Erst
durch systematische Versuchsreihen kann der Genauig-
keitsgrad der Formeln festgelegt werden und eine Ver-
vollständigung in bezug auf die verschiedenen Verfahren
und Elektroden gefunden werden.

Wertvoller als eine Formel erscheint noch die richtige
Abschätzung der Ursachen und Einflüsse für jeden einzelnen Fall. Erst dadurch ist man in der Lage, Möglich-
keiten der Geringhaltung und Verminderung der Schrumpfung beziehungsweise der Spannung zu erkennen und
richtig anzuwenden.

36